Metodologia Científica

AO ALCANCE DE TODOS

Celicina Borges Azevedo, Ph.D.

Metodologia Científica

AO ALCANCE DE TODOS

4ª

Edição

Editora gestora: Sônia Midori Fujiyoshi
Produção editorial: Eliane Usui
Projeto gráfico de miolo e capa: Departamento de Arte da Editora Manole
Editoração eletrônica: Departamento de Arte da Editora Manole
Ilustrações: Gabriel Novaes

Dados Internacionais de Catalogação na Publicação (CIP)
(Câmara Brasileira do Livro, SP, Brasil)

Azevedo, Celicina Borges

Metodologia científica ao alcance de todos / Celicina Borges Azevedo. -- 4. ed.
-- Barueri, SP : Manole, 2018.

Bibliografia.
ISBN 978-85-204-5638-5

1. Ciência - Metodologia 2. Métodos de estudo 3. Pesquisa - Metodologia
I. Título.

17-10860 CDD-501

Índices para catálogo sistemático:
1. Metodologia científica 501

3ª edição – 2013
4ª edição – 2018

Editora Manole Ltda.
Avenida Ceci, 672 – Tamboré
06460-120 – Barueri – SP – Brasil
Tel.: (11) 4196-6000
www.manole.com.br | info@manole.com.br

Impresso no Brasil | *Printed in Brazil*

Ao meu marido Emerson Azevedo Júnior, aos meus filhos Barbara, Virginia e Emerson Neto e ao meu neto Pedro Azevedo Cândido.

Aos alunos e professores das 8ª, 11ª, 12ª, 13ª, 14ª e 15ª Diretorias Regionais de Educação do Rio Grande do Norte – DIRED.

Aos alunos da disciplina de Metodologia da Pesquisa Científica da Ufersa.

Aos meus orientandos de graduação e pós-graduação e estagiários do setor de aquicultura da Ufersa.

Agradecimentos

A Emerson Azevedo Júnior, pelo estímulo e paciência durante o tempo em que me dediquei a este projeto. Ao professor Francisco Bezerra Neto, que me estimulou a ensinar a disciplina de Metodologia da Pesquisa Científica na pós-graduação, dando assim o primeiro passo para desenvolver a minha paixão pelo tema. Ao professor Paulo Sérgio Lima e Silva, à professora Cláudia Ribeiro e ao professor Felipe Azevedo Ribeiro, pela cuidadosa revisão e valiosas sugestões que muito contribuíram para tornar o texto mais claro. A toda equipe do projeto Metodologia Científica ao Alcance de Todos (METODOS), Alessandra Monteiro Salviano Mendes, Alexandro Iris Leite, Alexandre Dantas de Medeiros, Ana Maria Cardoso de Oliveira, Ana Valéria Lacerda de Freitas, Bruno Rodrigo Simão, Cybelle Barbosa e Lima, Cristhiane Marques de Oliveira, Denilson Antonio Maia da Silva, Edmar Candeia Gurjão, Edmondson Reginaldo Moura Filho, Jailma Suerda Silva de Lima, Karidja Kalliane de Freitas Moura, Kelania Freire Martins, Maria Helena Freitas Câmara, Maria Clarete Cardoso Ribeiro, Moacir Franco de Oliveira, Norma Danielle Silva Barreto, Odaci Fernandes de Oliveira, Thaisa Jorgeanne Morais de Medeiros e, em especial, a Renato Silva de Castro, que enfrentou comigo todas as dificuldades do dia a dia do projeto; a todos os professores e alunos que participaram do projeto METODOS, um verdadeiro laboratório para a elaboração deste livro. À Maria Goretti da Silva, técnica pedagógica do ensino médio da 12ª Diretoria Regional de Educação do Rio Grande do Norte (Dired), que abraçou o projeto METODOS desde a primeira hora. À jornalista Lúcia Rocha pela revisão gramatical. A toda a equipe da Fundação Guimarães Duque e, em especial, ao seu ex-presidente, George Bezerra Ribeiro, pelo apoio, sugestões e estímulo para a realização deste projeto. À Financiadora de Estudos e Projetos (Finep) pelo suporte financeiro, sem o qual o projeto METODOS não poderia ser realizado.

Sobre a autora

Celicina Maria da Silveira Borges Azevedo é engenheira de pesca pela Universidade Federal do Ceará, mestre em Ciências Biológicas – Zoologia – pela Universidade Federal da Paraíba e doutora em Vida Selvagem e Pesca pela Universidade do Arizona. Começou sua carreira acadêmica na Escola Superior de Agricultura de Mossoró (Esam), atual Universidade Federal Rural do Semi-Árido (Ufersa). Celicina realiza pesquisas em aquicultura e integração de aquicultura com agricultura. Já atuou como chefe de departamento, coordenadora de extensão e assuntos estudantis, coordenadora do curso de Engenharia de Pesca e presidente da Fundação Guimarães Duque. Atualmente está aposentada da Ufersa e dedica-se a um trabalho de popularização da ciência, ministrando cursos, palestras e organizando feiras de ciências através do Programa Ciência para Todos no Semiárido Potiguar.

Sumário

Prefácio à terceira edição

É com grande satisfação que apresento este livro da professora Celicina Borges Azevedo. Este trabalho reflete a experiência, percepção e sensibilidade da autora, uma competente pesquisadora, educadora e orientadora, que convida o leitor a pensar sem bloqueios, a ter coragem de emitir opinião e a dar asas à criatividade, essencial para o desenvolvimento de uma mentalidade científica.

Por meio de uma linguagem atraente, direta e dinâmica, a autora conversa com o leitor, apresentando e ilustrando conceitos com exemplos concretos e sugestões práticas, para que este possa desenvolver ou orientar o desenvolvimento de projetos de pesquisa seguindo uma abordagem investigativa e científica.

A autora apresenta as principais etapas do método científico, bem como cuidados que devem acompanhar sua aplicação. Também destaca a importância da divulgação do trabalho realizado e do papel das feiras de ciências nesse sentido, com sugestões concretas de como realizar uma feira de ciências na escola.

Estamos diante de um livro indicado tanto para iniciantes como para aqueles que desejam rever e refletir sobre suas práticas, que tem o mérito de poder ser trabalhado por professores tanto com estudantes universitários quanto com estudantes da Educação Básica.

Estou certa de que este livro será um importante aliado de professores por todo o país, a serviço de uma ciência mais democrática, ao alcance de todos, para ser compreendida e construída.

Roseli de Deus Lopes
Professora associada da Escola Politécnica
da Universidade de São Paulo
Coordenadora Geral da FEBRACE –
Feira Brasileira de Ciências e Engenharia

Prefácio

É um grande prazer apresentar este livro da professora Celicina Maria da Silveira Borges Azevedo. Além de importante, ele reflete as virtudes da autora. O livro foi o resultado de determinação, desprendimento, conhecimento e grande generosidade da autora ao colocar ao alcance de todos seu conhecimento em metodologia da pesquisa.

O livro é a conclusão de um projeto mais amplo – Metodologia Científica ao Alcance de Todos –, subsidiado com recursos da Financiadora de Estudos e Projetos (Finep). O êxito do projeto atesta o compromisso em bem utilizar os recursos públicos, contribuindo para o aperfeiçoamento da formação cultural de várias pessoas. Ainda mais importante é o efeito multiplicador que os conhecimentos do projeto e deste livro podem ter: despertar a vocação científica de jovens que, no futuro, podem, com suas pesquisas, contribuir para a solução de problemas em um país onde o conhecimento científico é tão pouco divulgado.

O livro contempla todas as etapas do trabalho de um cientista. Inicialmente, a autora chama atenção para a necessidade de o estudante procurar questões relevantes para serem solucionadas. A seguir, estimula a formulação de hipóteses sobre as possíveis causas do problema a ser pesquisado. Depois, apresenta o método científico e descreve uma série de métodos necessários à avaliação das hipóteses propostas. Após tecer considerações sobre a elaboração de projetos, conclui com informações sobre o preparo de um estudante para as chamadas Feiras de Ciências, uma atividade de divulgação científica importante dos colégios. Em todos os capítulos, como convém a um livro desta natureza, a autora adota linguagem fácil e direta, usa figuras, fotos e esquemas ilustrativos e, o mais importante, exemplifica suas proposições com experimentos clássicos, engenhosos e brilhantes.

Estão de parabéns, portanto, a autora, a Finep, a Ufersa, a Fundação Guimarães Duque, as pessoas envolvidas com o projeto e o público em geral, que pode entrar em contato com os princípios da ciência apresentados de forma clara e lúdica.

Paulo Sérgio Lima e Silva
Professor da Ufersa

Introdução

Será que qualquer estudante pode compreender e aplicar a metodologia científica sem complicação? Ou será preciso, para isso, ser um cientista? Acredito, e é por isso que escrevi este livro, que um estudante – do ensino fundamental à pós-graduação – pode aplicar o método científico nos seus trabalhos escolares sem que para tanto necessite ter profundos conhecimentos científicos.

Qual seria, portanto, o primeiro passo para a aplicação do método científico? Aprender a pensar! Pode até parecer um paradoxo dizer que precisamos aprender a pensar, uma vez que nós, seres humanos, nos diferenciamos dos animais por nossa capacidade de raciocinar. Entretanto, a rotina do dia a dia e os métodos de ensino aplicados em muitas escolas levam os alunos a perderem a capacidade de pensar, questionar e propor explicações para esses questionamentos.

Portanto, neste livro, quero em primeiro lugar incentivar o aluno a observar o mundo em sua volta e a se perguntar por que as coisas acontecem. Quero que você, estudante, não tenha medo de se expor, perguntando aos professores; e que você, professor, não se sinta obrigado a saber a resposta de tudo. Em vez disso, desejo que ambos busquem juntos as respostas.

A partir do momento em que você abrir sua mente, sem que nenhum tipo de bloqueio o impeça de ver as coisas como elas verdadeiramente são, aliando a isso o conhecimento que você irá adquirir lendo este livro, a aplicação do método científico passará a ser uma questão de pura lógica e bom senso.

Caro professor e caro estudante, foi pensando em vocês e acreditando na sua capacidade de pensar e de realizar que decidi escrever este livro! Espero que ele ajude a desenvolver em cada um de vocês uma mentalidade científica e que, através da sua leitura, vocês possam olhar o universo ao seu redor e formular, com clareza, hipóteses para os fatos observados e aprender como testar essas hipóteses. E, mais importante do que ter suas hipóteses confirmadas, demonstrar a verdade, mesmo que seja uma verdade diferente daquela que você pensou anteriormente.

Bem-vindos ao mundo da ciência!

Celicina Borges Azevedo, Ph.D.

Capítulo 1

Aprendendo a pensar

Qual é o primeiro passo para fazer ciência? A resposta é: pensar! Mas você pode dizer: "isso não é tudo, pois sou um ser racional, penso e não sei fazer ciência". Será que isso é mesmo verdade? Será que você realmente pensa, sem bloqueios?

Quase todos nós, quando ainda éramos crianças, antes de frequentar a escola, estávamos o tempo todo pensando e fazendo perguntas, sem nenhum tipo de inibição. Nenhuma criança, ao fazer perguntas, está preocupada com o que os outros vão pensar. Ela não está interessada em saber se as pessoas vão achá-la inteligente ou não. O que ela realmente quer é satisfazer sua curiosidade.

À medida que fomos crescendo, nossas perguntas foram ficando mais difíceis de serem respondidas e as pessoas passaram a ignorá-las ou, pior ainda, a ridicularizá-las. Assim, passamos a fazer cada vez

menos perguntas, preocupando-nos com o que as pessoas pensariam de nós e, com isso, fomos fechando cada vez mais nossa mente para aquilo que é novo.

Deixamos de questionar as coisas da natureza ao nosso redor. Abandonamos aquelas perguntas que nos inquietavam, com medo da gozação dos colegas ou até mesmo dos professores. Infelizmente, quantos não são os professores que colocam seus alunos em situações constrangedoras como uma saída para as perguntas que não sabem responder? E assim, fomos ficando menos curiosos. E cada vez perguntando menos.

As aulas foram se tornando cada vez mais monótonas, resumindo-se a uma explicação dos professores e a umas poucas perguntas feitas por alunos que já leram a matéria antes e até já sabem a resposta. Perguntam o que já sabem, apenas para parecerem sabidos. Nada de novo é perguntado, nada de novo é aprendido, e assim os anos vão passando. Será que podemos chamar isso de aprender? Será que memorizar os textos dos livros de ciências nos torna cientistas?

O que existe em comum entre todos os cientistas? Será a capacidade de memorizar longos textos? Claro que não!

O que existe em comum entre todos os cientistas é uma grande curiosidade sobre a natureza ao seu redor. É a capacidade de formular questões e tentar respondê-las através de hipóteses que podem ser testadas, por meio de uma investigação detalhada.

Então, será que é assim tão fácil ser um cientista? Basta olhar ao nosso redor, pensar sobre o que está acontecendo, fazer perguntas e tentar respondê-las e pronto, todos nos tornamos cientistas? Mas se isso é tão simples, por que temos tão poucos cientistas? O problema é justamente este: nossa dificuldade de pensar nas coisas simples.

À medida que crescemos ficamos progressivamente bloqueados para pensar. Temos medo de correr riscos, achamos que "mais vale um pássaro na mão do que dois voando" e nos esquecemos de que "quem não arrisca não petisca".

Estamos tão preocupados em julgar o trabalho dos outros e em criticar as ideias dos colegas que acabamos nos esquecendo de ter as nossas próprias ideias, de produzir nossos próprios livros, de pintar nossas próprias telas, de compor nossas próprias músicas. Uma prova disso é o fato de ser tão pouco comum um crítico literário fazer literatura ou um crítico de artes produzir obras de arte. Criticar demais as ideias dos outros inibe as nossas próprias ideias.

Nosso pensamento foi se tornando cada vez mais limitado. Quando olhamos para as coisas ao nosso redor acabamos vendo aquilo que já esperávamos ver, em vez de enxergar algo novo. Temos ainda uma grande dificuldade em identificar as questões que nos interessam por não conseguir isolar o problema antes de tentar resolvê-lo.

Muitas vezes, também, restringimos demais nossas ideias, impedindo nossa mente de pensar em coisas novas, limitamo-nos a pensar nas velhas soluções para os novos problemas, enfim, não pensamos no que ainda não foi pensado. Isto é, pensamos nas respostas a partir de um único ponto de vista, esquecemos de usar todos os nossos sentidos para nos ajudar a resolver nossos problemas e a nos tornar mais criativos.

Precisamos deixar de usar apenas os nossos olhos para observar o mundo ao nosso redor. É preciso cheirar mais, ouvir mais, tocar mais, enfim, usar todos os sentidos para aprender a pensar sem inibições. Precisamos, ainda, usar o humor e não levar as coisas tão a sério nas questões do dia a dia.

> Se, a princípio, a ideia não é absurda,
> então não há esperança para ela.
>
> Albert Einstein

Precisamos dar asas à nossa imaginação, não podemos impor limites aos nossos pensamentos. Podemos pensar qualquer coisa, por mais absurda que ela possa parecer. As grandes descobertas surgiram a partir de ideias que, a princípio, pareceram totalmente absurdas. Precisamos também usar a intuição quando buscamos explicação para as nossas perguntas, precisamos ter mais coragem de emitir nossa opinião sobre as coisas. Esse é, portanto, o caminho para ser um cientista. Não é difícil, e vale a pena tentar.

> Para começar, vamos tentar fazer as perguntas
> do jeito que os cientistas fazem.

Capítulo 2

Fazendo perguntas e formulando hipóteses

Como você já sabe, pensar sem bloqueios é muito importante para ser um cientista. Suponha então que você queira participar da feira de ciências da sua escola e precise fazer um projeto a partir de uma questão formulada por você mesmo. E agora? Bem, você pode começar dizendo que vai fazer um trabalho sobre as doenças parasitárias. Muito bem, e o que você realmente quer saber sobre as doenças parasitárias? Você então fica meio inseguro e diz: "Bem, vou fazer uma pesquisa". Sim! Mas vai pesquisar o quê?

Esse é o ponto principal da pesquisa. Para começar, você não vai saber tudo de uma vez. Não vai, por exemplo, ter condições de investigar todas as doenças parasitárias que acometem todos os animais no mundo, talvez nem no Brasil ou nem mesmo na sua região. Quem sabe, na sua cidade seria mais fácil. Mas seria de todos os animais? Ou somente as doenças parasitárias que acometem os seres humanos? Ou ainda as doenças parasitárias que acometem apenas as crianças? Por isso, você precisa delimitar a sua questão a uma dimensão viável.

Além disso, você precisa ser mais objetivo na sua pergunta, isto é, a pergunta deve ser clara e precisa, por exemplo: "Quais doenças parasitárias incidem com maior frequência nas crianças da sua cidade?". Você pode ir ainda mais longe e perguntar: "Existe diferença na incidência e no grau de infestação de parasitas entre as crianças mais pobres e as de classe média e alta da sua cidade?".

Observe que a pergunta deve ter uma solução possível, isto é, por meio da questão formulada você deve chegar a uma resposta, por exemplo: você faz um levantamento nos laboratórios das redes pública e privada analisando os resultados dos exames de fezes realizados em crianças. A partir disso, considerando que os exames das crianças de classe média e alta são feitos normalmente em laboratórios privados e os exames das crianças mais pobres, em laboratórios da rede pública, você poderá chegar a uma resposta para a questão formulada.

Tenha cuidado ao formular a pergunta para não incluir um julgamento de valor, por exemplo, usando termos como "melhor" ou "pior", como na questão a seguir: "Quais são os piores parasitas que acometem as crianças da cidade em questão?". Fica difícil responder a essa pergunta, pois o conceito "pior" não pode ser mensurado. A pergunta deveria ser modificada para: "Quais são as parasitoses que causam mais danos à saúde das crianças da cidade analisada?". Com essa mudança, você faz com que a questão passe a ter uma possível resposta, já que os danos à saúde podem ser mensurados. E então, ficou mais claro saber como as perguntas devem ser feitas?

Você pode, ainda, formular muitas outras questões, como: "Na cidade estudada, a incidência de moscas e muriçocas é maior no período seco ou no período chuvoso?". Essa pergunta é possível de ser investigada, já que podemos colocar armadilhas para capturar moscas e muriçocas nos períodos seco e chuvoso e contar quantos indivíduos foram coletados em cada armadilha nos dois períodos.

O ponto mais importante da pesquisa é definir com exatidão o que você quer saber. Entretanto, nem sempre é tão fácil como parece a princípio. Nossa tendência é divagar e não ser objetivo e preciso na hora de formular nossos questionamentos. Por exemplo, observe a pergunta a seguir: Por que os peixes não respiram fora d'água? Geralmente, ao fazer um questionamento você usa a expressão "por quê?". Esta expressão, entretanto, pode gerar muitas respostas, isto é, muitas hipóteses, e é preciso restringi-las. Uma ideia é tentar substituir o "por quê" por alguma outra expressão que gere uma resposta mais específica. Veja então a pergunta a seguir: Qual o fator fisiológico que impede os peixes de respirarem fora d'água? A partir dessa pergunta você pode mais facilmente formular uma hipótese e realizar uma investigação para testá-la.

Outra ideia é, partindo do "por quê", encontrar outra forma de questionar. Observe a pergunta: Por que crianças e adolescentes passam a consumir bebidas alcoólicas cada vez mais jovens? O "por quê" aqui já é praticamente uma afirmativa de que as crianças e adolescentes iniciam o consumo de álcool muito jovens. O ideal, no entanto, é saber se essa ideia é mesmo verdadeira, investigando o consumo de álcool nas diferentes faixas etárias, em uma determinada localidade. A pergunta pode então ser reformulada deste modo: Qual a faixa etária em que os jovens da cidade X (nome da sua cidade) iniciam o consumo de bebidas alcoólicas e quais os motivos que levam esses jovens a consumirem álcool?

Entretanto, não basta apenas saber formular a pergunta. Você precisa também formular uma possível resposta por meio de uma proposição, isto é, uma frase que possa ser declarada falsa ou verdadeira após uma investigação. Essa proposição recebe o nome de hipótese.

Enfim, aprender a fazer perguntas claras e precisas, delimitadas a uma dimensão viável, que não envolvam julgamento de valor e que tenham uma possível resposta, é fundamental para desenvolver uma pesquisa científica.

Em ciência, encontrar a formulação certa de um problema é, muitas vezes, a chave para a sua solução.

Portanto, a hipótese é uma proposição testável que pode vir a ser a solução do problema. Vejamos, agora, as hipóteses que podem ser formuladas para algumas questões propostas anteriormente:

Questão 1 Qual a faixa etária em que os jovens da cidade X (nome da sua cidade) iniciam o consumo de bebidas alcoólicas e quais os motivos que levam esses jovens a consumirem álcool?

Hipótese 1 Os jovens da cidade X (nome da sua cidade) iniciam o consumo de álcool a partir dos 13 anos de idade por influência de outros jovens.

Você pode testar essa proposição com uma pesquisa aplicando um questionário com jovens da cidade em questão. Após a realização da pesquisa e a tabulação dos dados, você pode então verificar se a hipótese é falsa ou verdadeira. Você pode ainda formular uma hipótese para responder a uma segunda pergunta:

Questão 2 Com que frequência os jovens da cidade X (nome da sua cidade) consomem bebidas alcoólicas?

Hipótese 2 Os jovens da cidade X (nome da sua cidade) consomem bebidas alcoólicas mais de duas vezes por semana.

Como foi dito anteriormente, essas hipóteses podem ser verificadas por meio de uma pesquisa que vai, finalmente, concluir se elas são verdadeiras ou falsas. É importante destacar que todas as pesquisas que envolvem seres humanos devem ser submetidas ao Comitê de Ética da escola para prévia aprovação e com documento informando o consentimento dos participantes. Embora sempre tenhamos a pretensão de que a nossa hipótese seja comprovada, o importante é que a verdade seja demonstrada, mesmo que seja uma verdade diferente daquela que nós havíamos pensado antes.

Foi por meio de perguntas e hipóteses formuladas dessa maneira que muitas descobertas científicas foram feitas. Quem não conhece, por exemplo, a história da descoberta da penicilina, componente básico dos antibióticos que têm salvado tantas vidas? Para os que não sabem, foi assim: o cientista Alexander Fleming estava limpando seu laboratório quando observou que as colônias de bactérias estavam morrendo em algumas placas de Petri nas quais haviam sido feitas as culturas de micróbios. Como era um bom observador e bastante curioso, começou a se perguntar por que as colônias de bactérias estavam morrendo naquelas placas específicas e não nas outras. Então, cuidadosamente, verificou o estado de cada uma das placas e observou que, naquelas em que as colônias de bactérias estavam morrendo, havia um desenvolvimento de fungos, enquanto nas placas onde as colônias permaneciam vivas não existiam fungos.

O escocês Alexander Fleming (1881-1955) tornou-se um dos mais famosos cientistas do mundo por ter descoberto a proteína antimicrobiana chamada lisozima e o antibiótico penicilina, obtido a partir do fungo *Penicillium notatum*. A penicilina foi o primeiro antibiótico usado em larga escala para tratar infecções.

Com base nas suas observações, Alexander Fleming perguntou qual o fator que determinava a morte das bactérias nas placas onde os fungos estavam presentes e formulou a seguinte hipótese: o fungo presente na placa produziu uma substância capaz de matar as bactérias. A partir dessa hipótese ele realizou

Fungos do gênero *Penicillium*, organismos que produzem a penicilina, o primeiro antibiótico descoberto pelo homem.

vários experimentos, até que, finalmente, conseguiu isolar essa substância – que chamou de penicilina – e comprovar que ela era capaz de matar as bactérias.

Muitos consideram que essa descoberta aconteceu por acaso. Mas o acaso somente beneficia as pessoas envolvidas na busca pela solução do problema. Embora tudo pareça muito simples, se Alexander Fleming tivesse lavado mecanicamente as placas, sem observar o que estava ocorrendo, nada teria sido descoberto. E a humanidade certamente teria levado muito mais tempo para usufruir dessa importante substância, que tanto nos tem ajudado na cura de doenças que antes eram fatais para o homem.

Como vimos por meio desse exemplo, Fleming passou por várias etapas até chegar a uma conclusão sobre o que estava ocorrendo com as colônias de bactérias nas placas de Petri. Essas etapas são conhecidas como método científico, que é um procedimento fundamental para todos os que desejam fazer uma pesquisa científica.

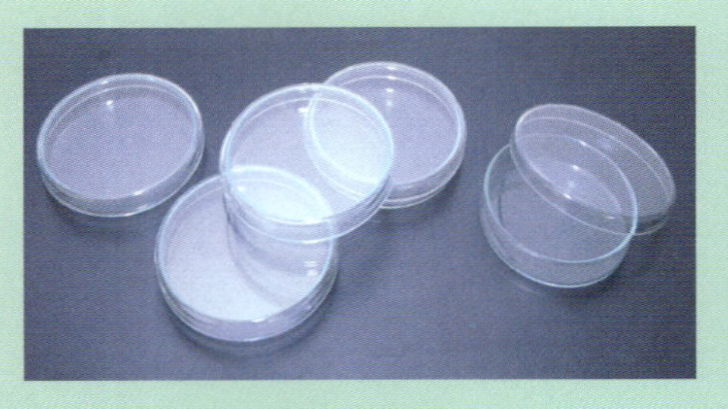

Uma placa de Petri é um recipiente cilíndrico, achatado, de vidro ou plástico, que os cientistas utilizam para a cultura de micróbios. Esse instrumento de laboratório foi assim nomeado em homenagem ao bacteriologista alemão J. R. Petri. Constitui-se de duas partes: uma base e uma tampa. Em geral, para ser usada em microbiologia, a placa é parcialmente preenchida com o líquido ágar no qual estão misturados alguns nutrientes, sais e aminoácidos, de acordo com as necessidades do metabolismo do micróbio a ser estudado. Depois que o ágar se solidifica, uma amostra contaminada pelo micróbio em questão é colocada na placa para que uma colônia se desenvolva.

Capítulo 3

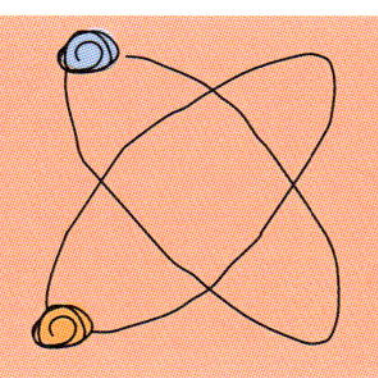

O método científico

O método científico é um processo rigoroso pelo qual são testadas novas ideias acerca de como a natureza funciona. Como os cientistas são curiosos e observadores, sua curiosidade os leva a observar com atenção um fato, sobre o qual fazem questionamentos e procuram encontrar respostas. Na busca pela solução desses questionamentos, seguem as seguintes etapas, conhecidas em conjunto como o método científico:

1. Observação – observam um fato, reconhecem nele um problema e formulam uma pergunta;
2. Pesquisa bibliográfica – reúnem o máximo de informações sobre o assunto;
3. Hipótese – a partir das informações coletadas, propõem uma possível solução para o problema;
4. Teste de hipóteses – planejam e realizam experimentos ou levantamentos para confirmar ou negar a hipótese;
5. Conclusão – concluem, com base nos resultados obtidos, se rejeitam ou não a hipótese formulada.

Agora, detalhadamente, vamos verificar a aplicação do método científico através do trabalho de um famoso cientista chamado Lazzaro Spallanzani que viveu no século XVIII, na Itália. Spallanzani estava interessado em conhecer melhor os morcegos e, por meio de consultas bibliográficas, constatou que os morcegos são mamíferos alados, de hábitos noturnos e que vivem em locais escuros (cavernas, sótãos etc.).

O italiano Lazzaro Spallanzani (1729-1799) publicou inúmeros trabalhos científicos sobre morfologia e fisiologia animal. Ele foi o primeiro a realizar experiências para saber como os morcegos se orientavam no escuro.

Embora os morcegos raramente sejam vistos durante o dia, no sótão de sua casa havia alguns, e ele resolveu ir até lá para observá-los com mais cuidado. Depois de adaptar-se à escuridão do local, pôde perceber morcegos, isolados ou em grupos, pendurados no madeiramento do sótão. Chamou sua atenção o fato de que eles podiam deslocar-se rapidamente, no escuro, sem jamais se chocarem com as escoras de madeira do sótão e outros obstáculos ali existentes. Da observação desse fato, ele formulou as seguintes questões:

- Como os morcegos se orientam no escuro?
- O que lhes permite o deslocamento com tanta segurança em um ambiente escuro, sem se chocarem com obstáculos?

A seguir, ele pensou que os morcegos poderiam ter uma visão tão desenvolvida, a ponto de poderem deslocar-se de forma rápida e segura no escuro. Com base nessa ideia, ele formulou a seguinte hipótese: “Então, se os morcegos se orientam à noite com a visão, privando-os desse sentido eles serão incapazes de se desviar dos obstáculos”.

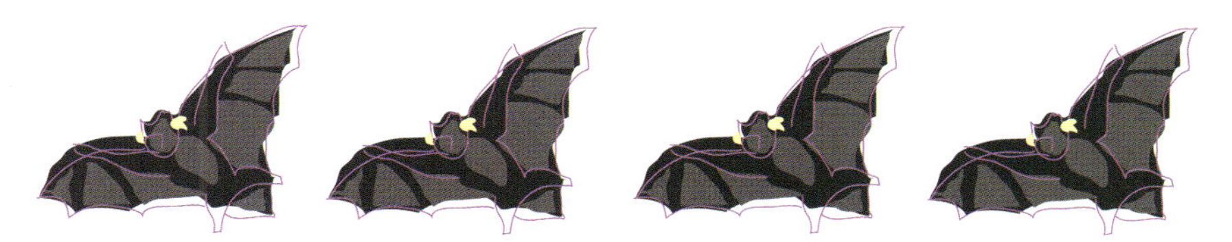

A: Morcegos com os ouvidos tapados com cera

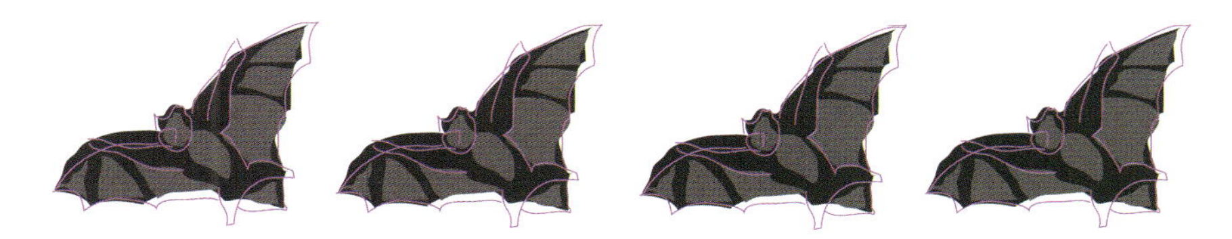

B: Morcegos com os ouvidos desobstruídos

Mas como queria algo mais concreto que uma simples especulação, passou a planejar uma forma de constatar, na prática, se sua ideia estava certa ou não. Para realizar sua experiência, ele capturou quatro morcegos no sótão, cegou-os com um ferro quente e os soltou novamente. Para sua surpresa, os morcegos continuaram a voar normalmente, com a mesma rapidez e segurança de antes. Dois dias mais tarde, Spallanzani capturou dois morcegos e, por acaso, um deles era um dos que ele tinha cegado. Ele examinou o conteúdo estomacal dos dois animais e encontrou, em ambos, restos de insetos que constituem seu alimento comum, indicando que, mesmo cego, o morcego foi capaz de localizar e capturar seu alimento.

Após essas constatações, ele chegou à conclusão de que não era o sentido da visão que orientava o voo noturno dos morcegos.

Lazzaro Spallanzani não desistiu e formulou outra pergunta: talvez outro sentido cumpra a função de orientar o voo dos morcegos, mas qual seria? A audição? Com essa nova ideia, formulou outra hipótese: se os morcegos se orientam por meio da audição, então, privando-os desse sentido eles seriam incapazes de se orientar.

Para testar sua nova ideia, resolveu fazer outra experiência. Capturou dez morcegos e, de acordo com a abertura auditiva deles, construiu pequenos tubinhos de lata, abertos nas duas extremidades, e introduziu-os no ouvido dos animais, de forma que ficassem bem ajustados ao canal auditivo. Em seguida, obstruiu completamente os tubinhos com cera em cinco deles e, nos demais, deixou os tubinhos vazios. Feito isso, soltou os dez morcegos em uma sala escura e com vários obstáculos. Ele então observou que alguns morcegos voaram com desenvoltura, enquanto outros batiam contra os obstáculos e até ficavam feridos. Spallanzani recolheu e examinou os cinco morcegos feridos e constatou que todos tinham os tubinhos obstruídos. Ele descobrira algo, pois sua segunda ideia estava certa. Sem a audição, os morcegos perdiam a capacidade de orientação durante o voo, ou seja, se os morcegos com a audição bloqueada não conseguem orientar-se no voo noturno, então a audição é o sentido que orienta esses animais na escuridão.

Spallanzani fez várias outras experiências com os sentidos dos morcegos e todas elas sempre conduziam à mesma conclusão: a audição é o que orienta o voo desses animais. Foi a partir dessa descoberta de Lazzaro Spallanzani que o radar, instrumento de tão grande importância para o homem, foi projetado e desenvolvido muitos anos depois. Por meio desse exemplo pôde-se ver como Spallanzani realizou um experimento para verificar se a sua hipótese era falsa ou verdadeira. Se prestarmos atenção ao método adotado, verificaremos que foi preciso que Spallanzani observasse os morcegos com os sentidos totalmente desimpedidos (tratamento controle) para que pudesse realmente saber o efeito de privar um sentido dos morcegos – visão ou audição.

Este é, portanto, um detalhe fundamental
em todo experimento científico: o controle.

Capítulo 4

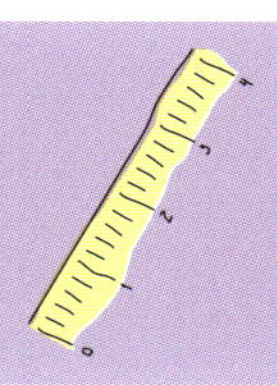

O experimento controlado

Para confirmar se a sua hipótese sobre um determinado fato observado é falsa ou verdadeira, você deve usar um método que é a essência da pesquisa científica: o experimento controlado. A seguir, vamos aprender como realizá-lo.

Quando suspeitamos que um fator provoca determinado efeito, precisamos achar um meio para testar nossa suspeita. Portanto, se suspeitamos, por exemplo, que a aglomeração causa redução na produtividade de funcionários em uma empresa, devemos comparar níveis de produtividade em ambas as condições, com aglomeração e sem aglomeração, para que seja possível controlar a ocorrência do fator causal suspeito: a aglomeração.

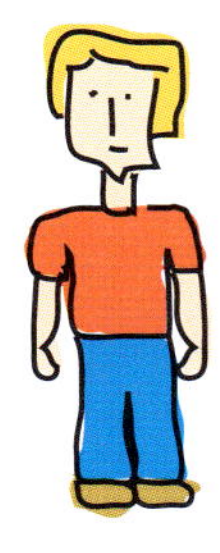

Sem aglomeração

Com aglomeração

O que todos os experimentos científicos têm em comum, e o que os torna científicos, é o fato de dependerem de algum tipo de controle. O controle é um procedimento fundamental para avaliar a eficiência dos tratamentos experimentais, sendo muito útil e necessário para que possamos testar nossas hipóteses.

Algumas vezes, as condições em que o experimento é realizado podem negar o efeito de determinados tratamentos experimentais, mesmo que estes sejam geralmente considerados efetivos. Quando usamos um controle de "não tratamento", são reveladas as condições sob as quais o experimento foi conduzido. Por exemplo, os fertilizantes de nitrogênio, quando aplicados nas plantas, em geral fazem com que elas cresçam mais se comparadas às plantas que não recebem o fertilizante. Acontece, porém, que se o campo onde as plantas estão sendo cultivadas já for rico em nitrogênio, o uso do fertilizante não causará um maior crescimento nas plantas. Um controle de "não fertilização com nitrogênio" irá revelar quais as condições básicas de fertilização naquele campo experimental.

Muitas vezes, os tratamentos requerem a manipulação das unidades experimentais ou sujeitos, e a manipulação por si só pode produzir uma resposta. O controle com placebo estabelece a base para a efetividade do tratamento. A

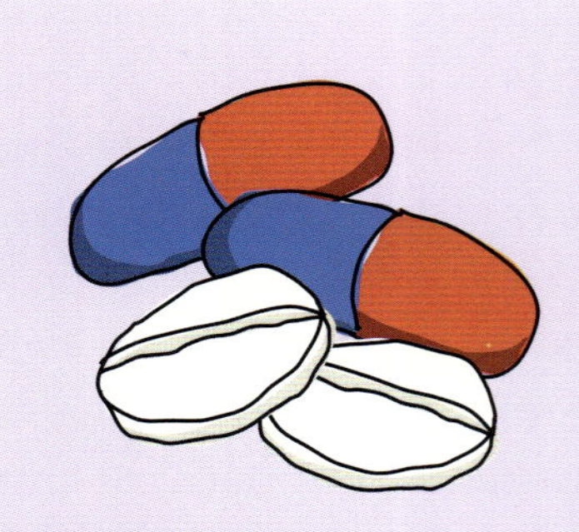

O que é placebo?
Placebo é uma pílula, um líquido ou um pó inativo que não tem nenhum valor de tratamento. Em testes clínicos, tratamentos experimentais costumam ser comparados com placebos a fim de avaliar a eficácia do tratamento. Em alguns estudos, os participantes em um grupo de controle recebem um placebo em vez da droga ou do tratamento ativo.

unidade placebo é processada exatamente como as unidades experimentais, porém o tratamento ativo não é incluído no seu protocolo.

Finalmente, o controle pode representar uma prática-padrão com a qual o método experimental pode ser comparado. Em algumas situações, é necessário incluir dois tipos diferentes de controle, por exemplo, o não tratamento e o tratamento placebo, o que pode revelar o efeito da manipulação da unidade experimental na ausência de qualquer tratamento.

O que é controle ou grupo de controle?
Controle é um padrão pelo qual observações experimentais são avaliadas. Em muitos testes clínicos, um grupo de pacientes recebe uma droga ou tratamento experimental, enquanto ao grupo de controle é dado tratamento-padrão para a moléstia ou um placebo.

Como testar uma hipótese?

Suponha que você tenha uma explicação para algo que lhe deixou curioso e que você descreveu detalhadamente uma hipótese, a qual chamou de H, para o fato observado. Como saber se essa é a explicação correta para seu enigma?

Para testar H, você deve realizar um experimento que apresente alguma evidência contra ou a favor dessa hipótese. Você precisa, agora, preparar uma série de condições experimentais e agir como os cientistas agem para testar suas hipóteses. Isso lhe dará condições de prever o seguinte:

- Alguma coisa específica vai acontecer se a hipótese for correta.
- Essa coisa específica não irá acontecer se a hipótese for incorreta.

Uma questão importante ao delinearmos um experimento que respeite essas duas condições é impor uma medida de controle. Você agora já sabe que sem informações sobre um controle não é possível saber se um efeito observado é decorrente de um suposto agente causal ou não.

Exemplo de um caso estudado

Um dos casos mais interessantes da história da ciência envolve a teoria da geração espontânea.

Geração espontânea
Segundo Aristóteles, autor da teoria, as espécies surgem por geração espontânea, ou seja, existiriam diversas fórmulas que dariam origem às diferentes espécies. De acordo com o filósofo, os organismos podem surgir a partir de uma massa inerte segundo um princípio ativo. Elabora, por exemplo, a hipótese de que possa nascer um rato da combinação de uma camisa suja e de um pouco de milho.

Até o final do século XIX, muitas pessoas acreditavam que organismos vivos poderiam ser gerados de materiais não vivos. Em 1668, o cientista italiano Francesco Redi publicou um trabalho que desafiava a doutrina de que carne em decomposição poderia gerar moscas.

Para determinar se o experimento de Redi atende aos nossos critérios de um bom teste, será útil ter à nossa disposição uma descrição resumida da hipótese, das condições experimentais e a previsão envolvida no experimento de Redi.

Francesco Redi (1626-1697) foi um físico italiano que ficou conhecido por sua experiência realizada em 1668, considerada um dos primeiros passos para a refutação da teoria da geração espontânea. O saber do seu tempo considerava que as larvas se formavam naturalmente a partir de carne putrefata.

Hipótese (H): as larvas de moscas são derivadas diretamente da postura das moscas.

Condições experimentais (CE): duas séries de jarras são enchidas

Experimento de Francesco Redi

com carne ou peixe. Uma série é selada e a outra é deixada aberta, de modo que as moscas possam entrar.

Previsão (P): as larvas de moscas irão aparecer somente na série de jarras deixadas abertas.

Considerando que:

- Algo específico irá acontecer se a hipótese for correta.
- Esse algo específico não irá ocorrer se a hipótese for incorreta.

Então devemos fazer duas perguntas sobre o experimento de Redi:

1. Se (H) é correta, é altamente provável que as larvas de moscas apareçam somente nas jarras abertas (P)?
2. Se (H) é incorreta, é altamente improvável que as larvas de moscas apareçam somente nas jarras abertas?

A resposta para a primeira questão é relativamente fácil. Se as larvas são derivadas da postura das moscas, é altamente provável que elas se desenvolvam somente na carne da jarra aberta.

No entanto, suponha que o resultado previsto por Redi não tenha sido obtido e que as larvas apareceram tanto nas jarras abertas como nas seladas. Será que ainda é possível dizer que a hipótese (H) possa ser verdadeira ainda que a nossa previsão (P) não tenha acontecido? Talvez as jarras não tenham sido perfeitamente seladas e, nesse caso, as moscas puderam entrar; também é possível que as moscas não tivessem posto ovos nas jarras abertas.

O que isso significa é que, algumas vezes, o fato de o resultado do nosso experimento não acontecer exatamente como a gente previu não quer dizer que a hipótese proposta esteja incorreta.

Só podemos afirmar que a hipótese está incorreta se tivermos a certeza de que nenhuma das possibilidades citadas tenha ocorrido, isto é, se todas as precauções foram tomadas para assegurar que os selos foram perfeitamente colocados e também se admitirmos ser altamente improvável que as moscas evitariam as jarras abertas. Nesse caso, se a nossa previsão não acontecer, então podemos dizer que a hipótese é realmente incorreta.

Essas duas possibilidades mencionadas são exemplos de pressuposições auxiliares. Em praticamente todos os testes de hipóteses existem certas condições que devem ser asseguradas para que uma previsão possa ser obtida com sucesso; assim, será possível conseguir uma evidência decisiva que seja favorável ou contrária à hipótese.

Pressuposições auxiliares podem ser pensadas como a adição de um "a não ser que" nas nossas duas condições.

Um bom teste irá permitir prever o seguinte:

- Algo específico irá acontecer se a hipótese for correta, a não ser que alguma pressuposição auxiliar tenha sido falsa.
- Esse algo específico não irá acontecer se a hipótese for incorreta, a não ser que alguma pressuposição auxiliar, ainda que diferente, venha a ser falsa.

Como você pôde ver, é muito importante pensar sobre uma pressuposição auxiliar que seja importante, tanto no planejamento quanto na avaliação do experimento. Mas isso pode ser um problema, já que dificilmente nós conseguimos especificar todas as coisas que poderiam dar errado quando planejamos e realizamos um experimento.

Por exemplo, em qualquer experimento que envolva equipamentos, uma pressuposição auxiliar é considerar que eles estejam funcionando adequadamente e que forneçam resultados corretos. Outra pressuposição é que as pessoas que operam os equipamentos saibam anotar os resultados corretamente e até mesmo que elas não sejam capazes de cometer alguma fraude nos resultados.

Qual será o momento de começar e qual será o momento de parar de falar sobre pressuposições auxiliares? O segredo está em limitarmo-nos a pensar em coisas específicas, que ao mesmo tempo que tenham uma chance realista de acontecer, também poderiam comprometer o experimento. Especificidade é um ponto muito importante das pressuposições auxiliares.

Portanto, quando você estiver trabalhando com um experimento, é sempre importante gastar um pouco de tempo pensando sobre possíveis pressuposições auxiliares.

Agora, considere a segunda questão: se as larvas não derivaram da postura das moscas, não seria altamente improvável que as larvas se desenvolvessem somente na carne das jarras que não estavam seladas? À primeira vista, essa resposta parece simples. Se as larvas fossem produzidas por algum outro processo, seria altamente improvável que elas se desenvolvessem justamente na carne das jarras deixadas expostas ao ar.

Entretanto, as coisas não são sempre tão simples como parecem. Muitos cientistas do tempo de Redi acreditavam na doutrina da geração espontânea e olharam os resultados dele com alguma suspeita. Eles diziam que deveria haver "algum princípio ativo" no ar necessário para a geração espontânea, e que a carne ou o peixe das jarras seladas foram privados de suficiente fluxo de ar fresco e, portanto, Redi poderia, sem intenção, ter evitado a geração espontânea das larvas.

À luz dessa linha de questionamento, a resposta da segunda questão precisa ser cuidadosamente qualificada e devemos fazer certas pressuposições auxiliares adicionais. A principal pressuposição, naturalmente, é que não existe "princípio ativo" no ar necessário para a geração espontânea de larvas na carne.

Vários pontos sobre a natureza do experimento científico foram muito bem ilustrados pelo exemplo apresentado:

- Primeiro, os resultados de um único experimento raramente trazem uma confirmação decisiva para uma hipótese; muitas vezes indicam a necessidade de mais experimentação para confirmar ou não uma hipótese. No experimento de Redi, foi indicada a necessidade de mais experimentos envolvendo o livre fluxo de ar.
- Segundo, ainda que os resultados de um experimento sejam negativos, você não deve necessariamente concluir que a hipótese é incorreta. Ainda estão à sua disposição algumas alternativas: você pode concluir que fez uma pressuposição auxiliar que não deveria ter sido feita, ou que as condições experimentais foram comprometidas. Entretanto, se não existe nenhuma pressuposição auxiliar questionável e nenhuma razão para acreditar que o experimento foi defeituoso, essas manobras serão inúteis.
- Finalmente, um bom experimento não necessariamente confirma a hipótese formulada. O importante em um experimento é chegar a resultados decisivos, de uma maneira ou de outra. Um bom experimento, portanto, irá nos dizer se uma hipótese é correta ou pelo menos se está no caminho certo. Mas ele também irá nos dizer quando uma hipótese proposta está incorreta.

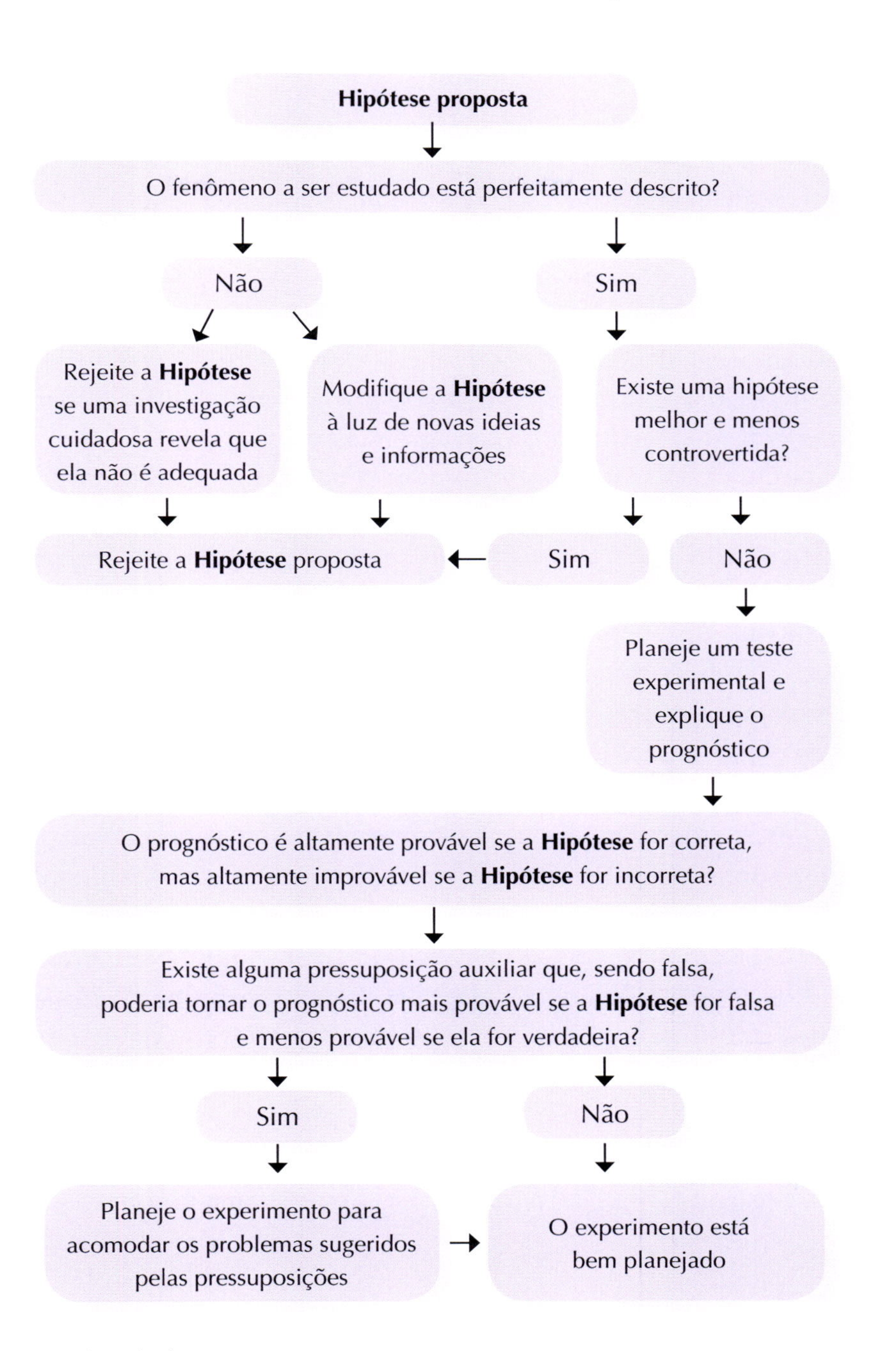

Adaptado de Carey, 1998.

Problemas, experimentos, tratamentos e unidades experimentais

A atividade científica é uma das mais importantes atividades do homem. Atualmente, dispomos de maior variedade de alimentos, melhores medicamentos, automóveis, navios, casas, aviões, computadores e outros aparelhos eletrônicos. Tudo isso resultou da solução de problemas por meio da atividade científica. Por exemplo, se o problema é a baixa produtividade da variedade de uma cultura, um agrônomo pode desenvolver uma nova variedade mais produtiva. Se o problema é o surgimento de uma nova doença, um médico pode desenvolver uma vacina contra essa doença.

Se um material empregado em uma construção não é muito resistente, um engenheiro pode desenvolver um novo material de maior resistência. Um avião pode requerer materiais mais leves para voar melhor e de maneira mais econômica. Assim, ao mesmo tempo que um cientista resolve problemas, ele aumenta a quantidade de conhecimentos da humanidade, os quais, por sua vez, permitem a solução de problemas mais difíceis.

Mas o que é problema quando se fala em ciência? Problema, de um modo geral, é a diferença entre uma situação real e uma situação ideal. Por exemplo, uma variedade de milho pouco produtiva pode ser uma situação real. A situação ideal seria uma variedade de milho mais produtiva. Uma pessoa que não possua um televisor pode ser uma situação real. A situação ideal é que ela tenha um televisor. Mas esses dois problemas são de naturezas diferentes: o primeiro requer métodos científicos para ser solucionado, enquanto o segundo pode requerer, simplesmente, dinheiro.

A ciência resolve problemas que requerem métodos científicos para serem solucionados, diferentemente de outros problemas humanos que podem ser solucionados com métodos não científicos (dinheiro, treinamento etc.).

Experimento: é um trabalho previamente planejado, que segue determinados princípios básicos e no qual se faz a comparação de efeitos dos tratamentos. O investigador estabelece e controla o procedimento de um experimento para avaliar e testar alguma coisa que é desconhecida até então.

Tratamento: é o método, elemento ou material cujo efeito se deseja medir ou comparar em um experimento e é o foco da investigação. Exemplos de tratamentos são dietas de animais, temperaturas, tipos de solo, quantidades de nutrientes, medicamentos etc. Dois ou mais tratamentos são utilizados em estudos comparativos a fim de verificar seus efeitos no objeto em estudo.

Unidade experimental: é a unidade física ou sujeito que receberá o tratamento, independentemente das outras unidades experimentais. Ela irá fornecer os dados que deverão refletir seu efeito. Cada unidade experimental constitui uma repetição do tratamento. Por exemplo, uma unidade experimental pode ser uma planta ou um grupo de plantas, uma área de terreno com plantas, um vaso com plantas, uma gaiola com animais, uma placa de Petri com meio de cultura etc.

Princípio da repetição: refere-se ao número de vezes em que um determinado tratamento é repetido no experimento. Como sempre vão existir diferenças individuais, sejam elas por causa da variabilidade inerente do material, sejam elas resultantes da falta de uniformidade na condução física do experimento, é importante que os tratamentos sejam repetidos. Em um experimento de nutrição com ratos, por exemplo, esses animais terão constituição genética distinta, o que é uma variabilidade inerente. Eles serão colocados em gaiolas sujeitas a diferenças na iluminação, ventilação ou outros fatores, o que é uma variabilidade resultante da falta de uniformidade na condução física do experimento.

Princípio da casualização: é usado para evitar que um determinado tratamento seja favorecido ou prejudicado por alguma fonte de variação conhecida ou desconhecida. Assim, cada tratamento deve ter a mesma chance de ser destinado a qualquer unidade experimental, seja ela favorável ou não. Por isso, é importante sortear os tratamentos destinados a cada unidade experimental.

É sempre bom lembrar aqui o ditado chinês que diz:

O cavalo ganhou uma vez, sorte; o cavalo ganhou duas vezes, coincidência; o cavalo ganhou três vezes, aposte no cavalo. Em um experimento, sempre devemos repetir cada tratamento pelo menos três vezes, para que tenhamos certeza de que os resultados obtidos refletem a realidade.

Características a serem medidas: em um mesmo experimento, várias características podem ser estudadas; por exemplo, em um experimento com feijão, podemos determinar: altura da planta, número de vagens por planta, número de grãos por vagem, peso fresco e peso seco dos grãos etc. Portanto, devemos definir quais as características de interesse para que possam ser determinadas no decorrer do experimento.

Observe que, no exemplo de um experimento apresentado na página seguinte, testamos dois tratamentos: biscoitos em recipientes abertos e biscoitos em recipientes fechados. Observe também que tivemos três recipientes para cada tratamento, em um total de seis unidades experimentais, obedecendo ao princípio da repetição. Cada unidade experimental foi constituída por um recipiente, aberto ou fechado. Observe ainda que os biscoitos eram do mesmo tipo e que foram destinados aos recipientes ao acaso, e eles foram distribuídos nas prateleiras também ao acaso, atendendo ao princípio da casualização. Nesse experimento, a característica medida foi o grau de conservação dos biscoitos, avaliado por meio da consistência que eles apresentavam após um determinado período de tempo.

Exemplo de um experimento

Comece com uma pergunta, por exemplo, "Os biscoitos se conservam mais crocantes em recipientes abertos ou fechados?".

- Formule uma hipótese: "Os biscoitos se conservam mais crocantes em recipientes fechados".
- Escolha um determinado tipo de biscoito para realizar o experimento.
- Divida os biscoitos em duas porções: uma para os recipientes abertos e outra para os recipientes fechados. Atenção: você deve usar o mesmo tipo de biscoito (e com o mesmo prazo de validade) para ambos os grupos, e os biscoitos devem ser distribuídos ao acaso nos recipientes.
- Para cada um dos grupos, estabeleça pelo menos três repetições, isto é, três recipientes com a tampa aberta; três recipientes com a tampa fechada.
- Após um período apropriado, é possível tirar as seguintes conclusões, dependendo dos resultados do teste:

a. Se os biscoitos estiverem mais bem conservados nos recipientes fechados, então a sua hipótese é CORRETA: "Os biscoitos se conservam mais crocantes em recipientes fechados".

b. Se os biscoitos estiverem bem conservados em qualquer um dos recipientes, tanto nos abertos como nos fechados, então a sua hipótese é INCORRETA: "Os biscoitos NÃO se conservam mais crocantes em recipientes fechados".

Capítulo 5

Pesquisa através de levantamentos

Algumas vezes, a fim de testar nossas hipóteses, gostaríamos de conduzir um experimento, mas não podemos fazê-lo por razões práticas ou éticas. Isso ocorre quando o investigador tem em mente condições experimentais que poderiam causar danos ao sujeito ou ao objeto de estudo. Pesquisas em ciências sociais, ecologia, vida selvagem, pesca e outras ciências naturais geralmente necessitam ser conduzidas por meio de levantamentos e não por experimentação direta.

No caso de razões éticas, um exemplo é quando se quer saber a eficácia do uso de cintos de segurança na proteção de seres humanos em acidentes de automóvel. Embora tenhamos em mente condições experimentais para testar o uso de cintos de segurança, não podemos realizar tais experimentos com seres humanos. Nesse caso, o que se faz é um levantamento dos acidentes ocorridos e o grau de danos causados aos passageiros e motoristas quando eles usavam cintos de segurança ou não. Computados os dados, pode-se chegar a uma conclusão acerca da eficácia do uso de cintos de segurança, sem que para isso seja necessário realizar um experimento que poderia causar danos à saúde dos envolvidos.

Outro exemplo pode ser observado quando se quer saber se o uso de cigarros provoca alterações nos pulmões de seres humanos. Para tanto, pode-se fazer um levantamento em dois grupos de pessoas: fumantes e não fumantes. É importante também que você leve em consideração outros fatores, como idade e sexo dos indivíduos que compuseram a amostra, para assegurar a uniformidade dos dados.

Em geral, em uma pesquisa por levantamento, a amostragem é feita usando questionários formulados com base na hipótese ou hipóteses que estão sendo testadas. Deve-se levar em conta o princípio da casualização, selecionando ao acaso as pessoas que farão parte dos dois grupos, assim como o princípio da repetição, assegurando que um determinado número de indivíduos seja avaliado, para que os resultados sejam mais precisos.

Um questionário usado para testar uma hipótese em geral contém perguntas iniciais para caracterizar o entrevistado e também perguntas específicas. Um exemplo de questionário é o AUDIT – *Alcohol Use Disorder Identification Test* (teste para identificação de problemas relacionados ao uso de álcool), desenvolvido pela Organização Mundial de Saúde (OMS) como um método simples de investigação de uso excessivo de álcool e para ajudar na realização de avaliações breves. Esse questionário, incluindo algumas perguntas iniciais, pode, por exemplo, ser usado para investigar a questão: "Qual a faixa etária em que os jovens do bairro X (nome do bairro) na cidade Y (nome da sua cidade) iniciam o consumo de bebidas alcoólicas e qual a intensidade e a frequência de consumo?". Você também pode usar esse questionário como modelo para pesquisar outros problemas, desde que as perguntas sejam refeitas de acordo com a questão científica que você está interessado em investigar.

Questões iniciais

Sexo	**Ocupação**
( ) M ( ) F	( ) Estudante ( ) Trabalha
Escolaridade	**Residência**
( ) Fundamental ( ) Superior	( ) Com os pais ( ) Com parentes ( ) Com amigos
Idade	**Renda familiar**
( ) 10 a 12 anos ( ) 13 a 15 anos ( ) 16 a 18 anos ( ) 19 anos ou mais	( ) Até 2 salários mínimos ( ) Mais de 2 a 5 salários mínimos ( ) Mais de 5 a 10 salários mínimos ( ) Mais de 10 salários mínimos

Questões específicas

AUDIT – Teste para Identificação de Problemas Relacionados ao Uso de Álcool (marque o número que melhor corresponde à sua situação)	
1. Com que frequência consome bebidas que contêm álcool?	**2. Quando bebe, quantas bebidas contendo álcool consome em uma dia normal?**
0 = nunca 1 = uma vez por mês 2 = duas a quatro vezes por mês 3 = duas a três vezes por semana 4 = quatro ou mais vezes por semana	0 = uma a duas 1 = três ou quatro 2 = cinco ou seis 3 = de sete a nove 4 = dez ou mais
3. Com que frequência consome seis bebidas ou mais em uma única ocasião?	**4. Nos últimos 12 meses, com que frequência percebeu que não conseguia parar de beber depois de começar?**
0 = nunca 1 = uma vez por mês ou menos 2 = duas a quatro vezes por mês 3 = duas a três vezes por semana 4 = quatro ou mais vezes por semana	0 = nunca 1 = uma vez por mês ou menos 2 = duas a quatro vezes por mês 3 = duas a três vezes por semana 4 = quatro ou mais vezes por semana
5. Nos últimos 12 meses, com que frequência não conseguiu cumprir as tarefas que habitualmente lhe são exigidas por ter bebido?	**6. Nos últimos 12 meses, com que frequência precisou beber logo de manhã para "curar" uma ressaca?**
0 = nunca 1 = uma vez por mês ou menos 2 = duas a quatro vezes por mês 3 = duas a três vezes por semana 4 = quatro ou mais vezes por semana	0 = nunca 1 = uma vez por mês ou menos 2 = duas a quatro vezes por mês 3 = duas a três vezes por semana 4 = quatro ou mais vezes por semana

(continua)

AUDIT – Teste para Identificação de Problemas Relacionados ao Uso de Álcool (marque o número que melhor corresponde à sua situação) *(continuação)*	
7. Nos últimos 12 meses, com que frequência teve sentimentos de culpa ou remorso por ter bebido?	**8. Nos últimos 12 meses, com que frequência não se lembrou do que aconteceu na noite anterior por ter bebido?**
0 = nunca 1 = uma vez por mês ou menos 2 = duas a quatro vezes por mês 3 = duas a três vezes por semana 4 = quatro ou mais vezes por semana	0 = nunca 1 = uma vez por mês ou menos 2 = duas a quatro vezes por mês 3 = duas a três vezes por semana 4 = quatro ou mais vezes por semana
9. Alguma vez ficou ferido ou alguém ficou ferido por você ter bebido?	**10. Alguma vez um familiar, amigo, médico ou profissional de saúde manifestou preocupação pelo seu consumo de álcool ou sugeriu que deixasse de beber?**
0 = não 1 = sim, mas não nos últimos 12 meses 2 = sim, aconteceu nos últimos 12 meses	0 = não 1 = sim, mas não nos últimos 12 meses 2 = sim, aconteceu nos últimos 12 meses

Quando a pesquisa envolve seres humanos, é fundamental que seu plano de pesquisa seja submetido a um comitê de ética antes de iniciar qualquer atividade. É evidente que não será necessário aplicar o questionário para todas as pessoas de uma determinada localidade. Nesse caso, são feitos cálculos para determinar o tamanho da amostra, de acordo com a população e a margem de erro desejada.

Outro exemplo comum de pesquisas por levantamento são as pesquisas eleitorais, nas quais se entrevista um determinado número de pessoas, geralmente não muito grande, e a partir desses dados o resultado é extrapolado para toda a população. Isso só é possível porque são tomados cuidados extremos com relação às técnicas de amostragem. Os sítios dos institutos de pesquisa (Datafolha, Ibope, Vox Populi etc.) mostram as técnicas de amostragem usadas e podem ser fontes de orientação para quem deseja realizar pesquisas por levantamento nos seus trabalhos para feiras de ciências.

Exemplo de uma pesquisa por levantamento

A descoberta da doença de Chagas, pelo cientista Carlos Chagas, é um exemplo de como um levantamento pode ser feito para testar uma hipótese. Entre 1907 e 1909, Carlos Chagas trabalhou em Minas Gerais durante a construção de uma estrada de ferro, utilizando um vagão de trem como moradia, laboratório e consultório.

Como bom cientista, sua curiosidade levou-o a examinar animais e pessoas, buscando informações sobre as doenças comuns na região de Minas Gerais, onde ele estava trabalhando. Ele observou um grande número de pacientes e concluiu que alguns deles apresentavam manifestações clínicas que não se adequavam às doenças conhecidas. Começou a acreditar, então, que existia uma doença ainda desconhecida da ciência.

Carlos Chagas examinou vários exemplares de um inseto conhecido como barbeiro e que abundava nas habitações. Ele fez isso porque suspeitava que esse inseto, por ser hematófago (alimentava-se de sangue), pudesse ser vetor de algum parasita do homem ou de outros vertebrados.

Encontrou, então, um protozoário do tipo tripanossomo diferente de qualquer outro por ele conhecido e enviou os barbeiros ao Rio de Janeiro para que os tripanossomos fossem identificados. Formulou,

Carlos Chagas (1879-1934) foi um médico sanitarista, cientista e bacteriologista brasileiro que trabalhou como clínico e pesquisador. Atuante na saúde pública do Brasil, iniciou sua carreira no combate à malária, mas destacou-se por descobrir o protozoário *Trypanosoma cruzi* (cujo nome foi uma homenagem ao seu mestre Oswaldo Cruz) e por ser o primeiro e único cientista na história da medicina que descreveu completamente a doença que esse protozoário causa, a tripanossomíase americana, que ficou conhecida popularmente como doença de Chagas.

O barbeiro é um inseto hematófago, que suga o sangue em todas as fases de seu ciclo evolutivo. É também chamado de chupança, bicho-barbeiro, bicudo ou chupão. Vive, em média, de um a dois anos, evoluindo de ovo a ninfa e adulto. Tem grande capacidade de reprodução e, dependendo da espécie, possui intensa resistência ao jejum. As principais espécies são *Triatoma infestans*, *Panstrongylus megistus* e *Rhodnius* sp.

então, duas hipóteses: a de ser o protozoário em questão um parasita natural do inseto ou a de representar um estágio evolutivo de um hemoflagelado de vertebrado, talvez do próprio homem. O hemoflagelado foi identificado como uma espécie nova, que recebeu o nome de *Trypanosoma cruzi*.

Foi então que, para testar as suas hipóteses e verificar se encontrava parasitas no sangue, Carlos Chagas colheu amostras de sangue das pessoas que apresentavam e daquelas que não apresentavam os sintomas clínicos por ele observados. Entretanto, embora tivesse feito um levantamento exaustivo, não conseguiu encontrar os flagelados no

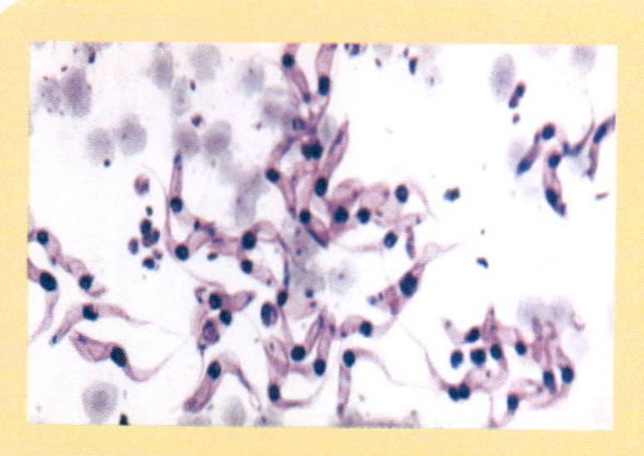

O *Trypanosoma cruzi* é um protozoário flagelado, agente etiológico da doença de Chagas, também conhecida como tripanossomíase americana. A doença foi descoberta em 1909 pelo médico brasileiro Carlos Chagas. O nome *Trypanosoma cruzi*, dado ao agente causador, foi uma homenagem de Chagas ao epidemiologista Oswaldo Cruz.

sangue de seres humanos. Um dia, porém, foi chamado para atender uma criança em estado grave e, quando colheu a amostra de sangue, verificou a presença dos parasitas, confirmando sua hipótese de que uma doença era transmitida através do barbeiro aos seres humanos.

A pesquisa de Carlos Chagas nos mostra alguns aspectos importantes de uma pesquisa científica, como a formulação de uma hipótese e a forma como essa hipótese foi testada. Mostra também que nem sempre um resultado negativo indica que nossa hipótese está errada, pois os resultados dependem da metodologia utilizada. No caso de Chagas, ele cometeu o erro de colher uma amostra de sangue muito pequena, insuficiente para encontrar os parasitas, nos inúmeros pacientes avaliados. Somente quando ele coletou o sangue de um paciente em estado agudo, no qual o número de parasitas no sangue era muito grande, foi possível detectar os parasitas com aquele tamanho de amostra.

Capítulo 6

Criando projetos

E então? Tudo parece mais fácil agora? Você já sabe criar seus próprios projetos para investigar observações que você faz no seu dia a dia e que têm lhe deixado curioso? Então, mãos à obra e comece a preparar o seu projeto para a feira de ciências!

O primeiro passo para criar seu projeto é pensar em perguntas que você pode fazer sobre fatos observados no seu dia a dia. Esse processo de geração de projetos pode ser feito de várias maneiras. Você pode pensar individualmente sobre essas perguntas ou pode formar um grupo, com mais um ou dois colegas e, por meio de uma tempestade de ideias, na qual vocês são livres para propor qualquer pergunta, as ideias iniciais são geradas.

Escolha um membro do grupo para fazer anotações de todas as questões levantadas pelo grupo. Tudo deve ser aproveitado sem censura e só após copiar todas as ideias comece a analisar e revisar as perguntas, atendendo àqueles princípios estudados no Capítulo 2: as perguntas devem ser claras e precisas; devem ser delimitadas a uma dimensão viável; não devem envolver julgamento de valor e devem ter uma possível resposta. Formular perguntas que atendam a esses princípios é fundamental para desenvolver uma pesquisa científica. Como foi dito anteriormente, em ciência, encontrar a formulação certa de um problema é, muitas vezes, a chave para sua solução.

Esse trabalho certamente irá gerar vários questionamentos relacionados com seu cotidiano e poderá resultar em projetos para a feira de ciências que terão como base suas próprias ideias. Um caso de formulação de um projeto a partir de uma pergunta formulada por um estudante aconteceu na Escola Estadual Conselheiro Brito Guerra, no município de Areia Branca, Rio Grande do Norte. A professora Francisca Filgueira Santos, conhecida como Aurélia, coordenou um projeto que foi selecionado para representar o Rio Grande do Norte na Feira Nacional de Ciência (Fenaceb), realizada no período de 23 a 27 de novembro de 2006, na cidade de Belo Horizonte.

Tendo como base uma questão formulada por um de seus alunos – que queria saber por que a água evaporada do mar, que é salgada, transforma-se em chuva de água doce –, a professora orientou uma pesquisa que mostrava como ocorre o processo de evaporação, formação de chuvas e produção de sal, a principal atividade econômica do município de Areia Branca.

Veja como foi o processo de elaboração do projeto. Tudo começou com uma simples pergunta formulada por seu aluno: por que as nuvens sugam água do mar e, quando chove, a água é doce? Essa pergunta foi reformulada e, a partir dela, foi realizado um experimento cujos procedimentos, resultados e conclusões são descritos a seguir.

Pergunta original "Por que as nuvens formam-se a partir da água do mar, que é salgada e, quando chove, a água é doce?"

Pergunta reformulada: "Qual é o fenômeno que explica a formação de nuvens a partir da água salgada, produzindo chuva de água doce?"

Hipótese A água do mar contém sais, entre eles o cloreto de sódio (NaCl), mas ao receber o calor do sol apenas as gotículas de água (H_2O) se evaporam e se condensam formando as nuvens, que se transformarão em chuva.

Material usado:

- 4 recipientes plásticos transparentes
- 2 litros de água do mar a cada dia – 3 dias
- 4 copos de vidro com fundo pesado
- 4 pedras pequenas
- 4 sacos de plástico transparentes
- 1 refratômetro – aparelho para medir a salinidade da água

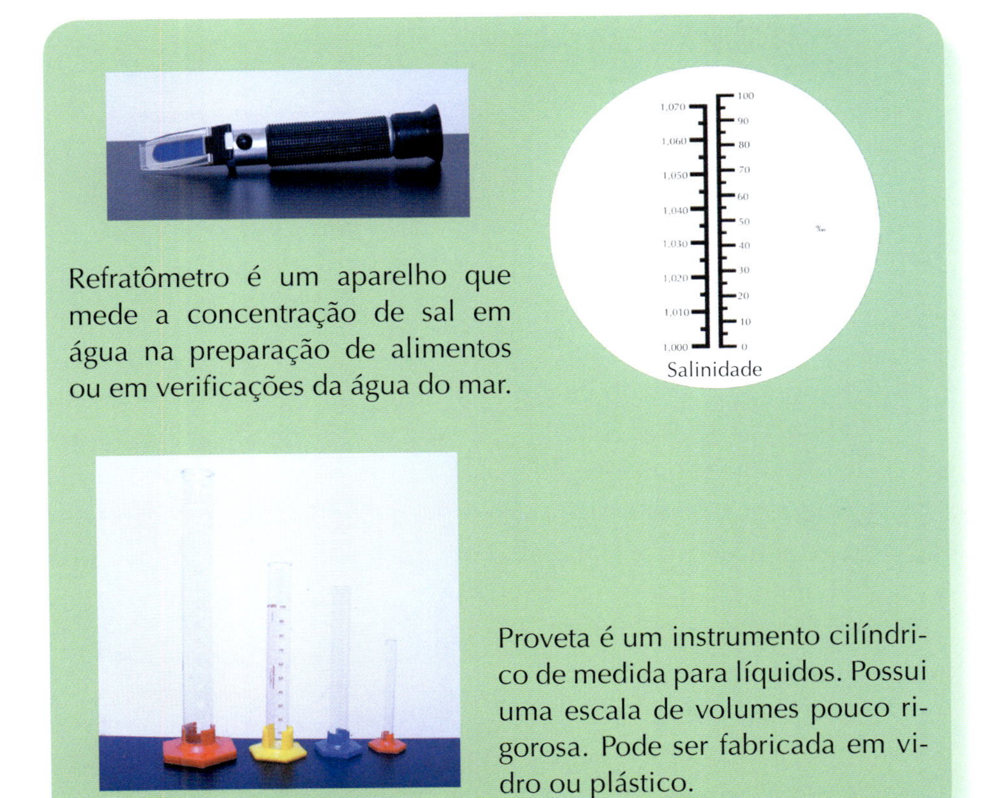

Refratômetro é um aparelho que mede a concentração de sal em água na preparação de alimentos ou em verificações da água do mar.

Proveta é um instrumento cilíndrico de medida para líquidos. Possui uma escala de volumes pouco rigorosa. Pode ser fabricada em vidro ou plástico.

- Fita crepe
- Proveta

Procedimento:

- Pegue um recipiente de plástico ou de outro material qualquer e coloque um copo no centro;
- Despeje 1/2 litro de água no primeiro recipiente, tendo o cuidado de não derramar água dentro do copo;
- Meça, com o auxílio de um refratômetro, a salinidade da água;
- Cubra o recipiente com plástico transparente e coloque uma pedra pequena no centro do plástico, sobre o copo, de forma que qualquer água evaporada seja deslocada para o centro do copo;
- Faça o mesmo procedimento com mais dois recipientes, tendo o cuidado para que os três recipientes e os três copos sejam iguais – mesmo material, forma e volume;
- Coloque os três recipientes no sol por cerca de quatro horas em um dia ensolarado. Ao final desse tempo, observe se houve acúmulo de água nos copos. Se não tiver acumulado, deixe por mais tempo;

- Realize o mesmo procedimento inicial com outra amostra, mas não a exponha ao sol; deixe-a em lugar escuro, pois ela será o controle (**observe que, neste experimento, os estudantes usaram apenas uma amostra como controle, mas o ideal é que fosse feito o mesmo número de repetições do grupo experimental**);
- Coloque uma etiqueta em cada recipiente para que você possa saber quais foram expostos ao sol e qual foi a amostra mantida no escuro – controle;
- Com o auxílio de uma proveta, meça o volume de água em cada copo e faça as anotações tendo o cuidado de marcar o volume correspondente a cada amostra exposta ao sol e à amostra mantida no escuro;
- Meça também, com o auxílio de um refratômetro, a salinidade da água em cada um dos copos, tendo o cuidado de lavar o refratômetro com água destilada para eliminar qualquer resíduo de sais antes de fazer as medições;
- Depois, meça a salinidade da água nos recipientes;
- Deixe a água evaporando sem cobertura plástica por mais quatro horas;
- Meça a salinidade da água nos recipientes e veja o que aconteceu com a água;
- Repita todo o procedimento em dois outros dias;
- Anote os resultados;
- Monte gráficos, usando uma planilha, e tire conclusões;
- Compare esse procedimento com o processo de produção do sal marinho;
- Faça uma pesquisa bibliográfica para enriquecer seus conhecimentos.

Resultados:

Quanto ao resultado da prática desenvolvida por meio de três amostras de água salgada durante três dias consecutivos no horário das 7h30 às 11h30, foram constatados os seguintes dados:

TABELA 1 Grau de salinidade observado na água do mar e na água evaporada que foi acumulada nos copos

Período	Controle			Amostra nº 1			Amostra nº 2			Amostra nº 3		
	Salinidade (g/l)			Salinidade (g/l)			Salinidade (g/l)			Salinidade (g/l)		
	1º	2º	3º	1º	2º	3º	1º	2º	3º	1º	2º	3º
18/09/06	36	36	–	36	38	0	36	38	0	36	38	0
19/09/06	37	37	–	37	39	0	37	39	0	37	39	0
20/09/06	36	36	–	36	38	0	36	38	0	36	38	0

Observações:

- A salinidade 1º refere-se ao grau de salinidade da água do recipiente, medida no início do experimento;
- A salinidade 2º refere-se ao grau de salinidade da água do recipiente, medida após o período de exposição do recipiente ao sol ou mantido na sombra;
- A salinidade 3º refere-se ao grau de salinidade da água contida no copo, após o período de exposição ao sol;
- A quantidade de água coletada durante os três dias foi em torno de 1 mL para cada amostra evaporada.

A água do mar exposta à luz solar evaporou, subindo até o teto do recipiente – plástico – e escoou para o copo, o qual armazenou uma quantidade de cerca de 1 mL de água pura, sem sal, durante os três dias e nas três amostras. Já a água contida no reservatório apresentou aumento no grau de salinidade, em um total de duas partes em cada amostra, durante os três dias.

A água do mar mantida no escuro não evaporou nem teve o grau de salinidade aumentado. O copo correspondente permaneceu vazio.

Por meio do experimento, podemos concluir que:

- A luz solar provoca a evaporação da água do mar, em que as moléculas de água (H_2O) sobem bem alto, condensando-se e formando as nuvens;

- Nas alturas, as partículas de água sofreram influência das correntes de ar, e precipitaram-se em água de chuva, a qual não contém sal (NaCl);
- O sal (NaCl) não evapora e, portanto, permanece na água do mar;
- Desse modo, podemos compreender por que as nuvens se formam a partir da água do mar, que é salgada, mas quando chove, a água é doce.

Podemos compreender ainda:

- Como se dá o processo de formação das salinas;
- Que a nuvem é formada apenas por partículas de água;
- Que o sal não evapora;
- Como ocorre o ciclo da água;
- Que, quanto maior a insolação, maior o grau de evaporação.

Aprendendo mais:

- Pesquisar sobre o processamento mecanizado do sal e relacionar as descobertas com o experimento;
- Pesquisar sobre a produção salineira do Rio Grande do Norte, que tem altas temperaturas – clima semiárido – e comparar com a produção de estados com temperaturas mais baixas;
- Coletar dados sobre os municípios brasileiros onde o sal marinho é produzido, observando o período de maior produção e relacionando com a influência de temperatura, ventos e pluviosidade.

Ética na realização de um projeto científico

Um ponto importante a ser destacado é a originalidade do seu trabalho. É claro que um estudante de ensino fundamental ou médio que está iniciando sua atividade científica poderá levantar questões que já foram investigadas por outros pesquisadores. Entretanto, quando você formula questões a partir de sua vivência cotidiana, sua pesquisa vai estar relacionada com seu contexto social e certamente terá uma originalidade. O estudante precisa compreender que os avaliadores estarão atentos para detectar plágio, falsificação ou uso de trabalhos de outros pesquisadores como sendo próprios e essas distorções éticas não serão toleradas em nenhuma feira de ciências.

Sabemos que quando você realiza a tempestade de ideias, muitas perguntas surgem, e é bom ter liberdade criativa para pensar em diferentes questões que despertem a sua curiosidade, porém precisamos destacar que os estudantes de ensino fundamental e médio não podem realizar todo tipo de pesquisa. Um exemplo são as pesquisas que envolvem animais, pois esse tipo de pesquisa é restrito às instituições de ensino superior e de educação profissional técnica de nível médio da área biomédica.

Outro tipo de pesquisa que pode sofrer restrições é a pesquisa com seres humanos, por isso é importante que, sempre que possível, você use métodos alternativos. Um exemplo é como o estudante Jonas Medeiros e seus colegas da Escola Estadual 11 de Agosto em Umarizal/RN conseguiram testar a hipótese da eficácia de uma pomada para ferimentos cutâneos feita com ingredientes naturais. Ao invés de testarem em seres humanos, realizaram um experimento na universidade onde o potencial anti-inflamatório da pomada foi testado utilizando colônias de bactérias e não diretamente a pele das pessoas.

Caso a sua pesquisa necessariamente envolva seres humanos, é fundamental que seu plano de pesquisa seja submetido a um comitê de ética. É altamente recomendável a criação de um Comitê de Ética da Escola (CEE) que, de acordo com a regulamentação federal, deve avaliar os riscos físicos e/ou psicológicos envolvendo pesquisa com seres humanos. Toda pesquisa com a participação de humanos deve ser revisada e aprovada pelo CEE antes dos experimentos serem iniciados, inclusive qualquer entrevista de levantamento de dados ou questionário a ser usado no projeto. Nas regras de pesquisa da Mostratec (Mostra Brasileira de Ciência e Tecnologia), é recomendado que um CEE possua no mínimo três membros: um educador administrador de escola (preferencialmente o diretor ou o vice-diretor); um indivíduo que tenha conhecimento sobre o assunto e capacidade de avaliar os riscos físicos e/ou psicológicos envolvidos em uma determinada pesquisa (pode ser um médico, enfermeiro, psicólogo, um assistente social ou um terapeuta clínico com formação); e um especialista adicional: se não houver um especialista disponível na área, recomenda-se contato documentado com um especialista externo. É altamente recomendável que nenhum orientador, parente do aluno, cientista qualificado ou supervisor designado dos projetos de uma instituição atue no CEE. Recomendam-se membros adicionais para evitar conflitos de interesse e melhorar o grau de especialização do comitê. Maiores detalhes sobre regras de pesquisa podem ser encontrados nos *sites* das feiras de ciências, como o da Mostratec (http://www.mostratec.com.br/sites/default/files/regras_de_pesquisa_mostratec.pdf) e o da Febrace (http://apice.febrace.org.br/).

Capítulo 7

A feira de ciências

O que é uma feira de ciências?

É uma exposição que divulga para a comunidade os resultados de pesquisas realizadas por alunos, sob a orientação de um professor. No Brasil, as primeiras feiras de ciências surgiram na década de 1960. A princípio, essas feiras realizavam-se no âmbito interno de algumas escolas, depois foram surgindo feiras municipais e regionais.

A primeira Feira Nacional de Ciências aconteceu no Rio de Janeiro em 1969 e, a partir de então, outras feiras foram realizadas, mas sem muita regularidade.

Atualmente, o Governo Federal vem estimulando novamente a realização de feiras nacionais, com a participação de estudantes de todo o Brasil. Essas feiras ajudam a incentivar a criatividade e a reflexão nos estudantes, pelo estímulo ao desenvolvimento de projetos que usam a metodologia científica de investigação. Você pode participar dessas feiras desde que fique atento às datas de inscrição e às normas de participação.

Algumas feiras de ciências de âmbito nacional

Nome	Descrição	Site na internet
Mostratec	Feira nacional realizada desde 1990 pela Fundação Liberato, na cidade de Novo Hamburgo, Rio Grande do Sul.	www.mostratec.com.br
Ciência Jovem	Feira nacional que acontece desde 1995. É organizada pelo Espaço Ciência, em Olinda, Pernambuco.	www.espacociencia.pe.gov.br
Febrace	Feira nacional realizada desde 2003 pela Escola Politécnica da Universidade de São Paulo, em São Paulo.	www.febrace.org.br/

A feira de ciências da escola

A feira de ciências mais importante é a feira da escola, porque sem ela não acontecem as outras. E é para falar dessa feira que estamos aqui.

A preparação de uma feira de ciências envolve muito trabalho. Portanto, as tarefas precisam ser distribuídas por equipes para que o sucesso do evento seja alcançado. Além da coordenação geral da feira – que deve ficar ao encargo da direção e da coordenação pedagógica da escola –, várias comissões devem ser criadas, como, por exemplo, de infraestrutura, de divulgação e científica.

Exemplos de comissões para organizar uma feira de ciências

Comissões	Atribuições
Infraestrutura	Deve orientar a limpeza e organização da área de exposição e a distribuição dos expositores. Também deve cuidar da filmagem e do serviço de som, além de providenciar os espaços para abertura e encerramento da feira e para a secretaria do evento.
Divulgação	Divulgar a feira aos alunos e professores, usando faixas, cartazes, folders e e-mails; e ao público em geral através da imprensa.
Científica	Providenciar todos os detalhes da preparação e inscrição dos projetos, incluindo orientação do formato dos projetos e edital de inscrição. Organizar todo o processo de avaliação dos projetos, preparar o manual do avaliador e fazer os convites dos avaliadores.

Um plano de ação do tipo o quê, quem, como e quando deve ser preparado para facilitar a distribuição das tarefas entre os membros das comissões.

Exemplo de plano de ação para organizar uma feira de ciências

O quê?	**Como?**	**Quem?**	**Quando?**
Orientar os professores a fazer atividades de "tempestade de ideias" com os alunos para a criação de projetos	Seguindo orientação do Capítulo 6: "Criando projetos"	Comissão científica	Pelo menos 4 meses antes da feira
Divulgar período e local de inscrição dos projetos, com as normas da feira	Publicar edital, enviar e-mails e fixar faixas, cartazes etc.	Comissão de divulgação	Pelo menos 1 mês antes da feira
Convidar e orientar os avaliadores	Enviar convites aos avaliadores, incluindo o manual do avaliador	Comissão científica	Pelo menos 1 mês antes da feira
Divulgar a feira na imprensa	Enviar *release* para toda a imprensa	Comissão de divulgação	Uma semana antes e um dia antes da feira
Limpeza e organização da área de exposição e distribuição dos expositores	Convocar o serviço de limpeza da escola	Comissão de infraestrutura	Um dia antes da feira
Preparar ficha de avaliação, horário de avaliação e indicar os trabalhos para cada avaliador	Imprimir fichas, sortear os trabalhos por avaliador	Comissão científica	Até um dia antes da feira

A comissão científica terá como uma das responsabilidades garantir que todos os projetos estejam de acordo com as normas da feira. Um ponto a ser observado é que não se deve realizar um projeto que envolva todos os alunos de uma classe. Cada projeto deve ser desenvolvido por no máximo três alunos, que é a norma das feiras nacionais como a Febrace, mas o mesmo professor pode orientar quantos projetos ele se considerar apto. Sempre que possível, a participação de professores universitários e alunos de pós-graduação é de grande ajuda na avaliação dos trabalhos. É muito importante que os critérios de avaliação sejam bem definidos para que as avaliações sejam padronizadas.

Sugestão de critérios de avaliação dos trabalhos apresentados nas feiras de ciências

Critérios						
A Uso da metodologia científica	F/A	R	B	O	E	SE
B Criatividade e inovação	F/A	R	B	O	E	SE
C Clareza e objetividade na exposição	F/A	R	B	O	E	SE
D Profundidade da pesquisa	F/A	R	B	O	E	SE
E Empreendedorismo	F/A	R	B	O	E	SE
F Relevância social	F/A	R	B	O	E	SE
Pontuação/conceitos: 0: F/A – fraco/ausente 1: R – regular 2: B – bom 3: O – ótimo 4: E – excelente 5: SE – supera as expectativas						

Detalhamentos e outros critérios podem ser observados nos *sites* das feiras de ciências.

Biossegurança

Durante a apresentação do trabalho na feira de ciências, é importante atentar para as normas de biossegurança, que são um conjunto de ações voltadas para a prevenção de quaisquer riscos tanto para os estudantes que estão apresentando o projeto como para o público que está visitando a feira. Por isso, alguns pontos devem ser cuidados para que seu projeto não tenha problemas quando avaliado pela comissão de biossegurança. Evite o excesso de fiação e de "Ts", e quando usar fios, organize-os em filtros de linha, alinhados pelos cantos de forma a evitar acidentes. Demonstrações que envolvam eletricidade, micro-organismos viáveis (mesmo que em placas ou tubos fechados), misturas de reagentes químicos, exposições de plantas, degustação de bebidas ou alimentos, ou que causem barulho em excesso, fumaça e cheiros fortes, devem ser evitadas. As maquetes, embora muito populares nas feiras escolares, são de difícil transporte e na maioria das vezes têm caráter apenas demonstrativo, sem importância no processo investigativo. Por isso, não se deve dar ênfase a elas, e em especial devem ser evitadas as maquetes muito grandes, principalmente quando feitas com material perfurocortante. Embora os estudantes achem importante levar os materiais usados nos experimentos para demonstrar ao vivo como a pesquisa foi realizada, a apresentação de fotos e/ou vídeos é bastante efetiva e evita problemas de biossegurança.

Como escrever os resultados do meu experimento?

Durante a realização de seu experimento ou levantamento, você deve manter um diário de bordo.

O diário de bordo é onde o estudante registra cada fase do desenvolvimento de seu projeto. No *site* da Febrace a recomendação é que o estudante registre em um caderno, caderneta ou pasta todos os detalhes da pesquisa, incluindo datas e locais, além dos fatos, descobertas e indagações, investigações, entrevistas, testes, esboços, anotações, resultados e respectivas análises. Como é um caderno de anotação, não deve ser digitado, e sim manuscrito. Ter um diário de bordo é um dos requisitos para participar da Febrace.

Após coletar os dados de sua pesquisa, você precisa tabulá-los – colocar os resultados em forma de tabelas – e descrevê-los. Escreva de forma clara e precisa, evitando frases longas que dificultem a compreensão. Coloque o título do seu trabalho em destaque, pois, quando o visitante se aproxima do estande, ele quer ver um título que identifique o projeto. Esse título deve ser curto e o mais chamativo possível.

Depois do título, dê um destaque à sua questão de interesse e à hipótese que foi testada. No item "Material e métodos", descreva o material usado e as etapas do seu experimento ou levantamento, na sequência em que o trabalho foi realizado. Descreva o(s) organismo(s) estudado(s) (vegetal, animal, humano etc.) e sua experiência de pré-tratamento e cuidados, incluindo a data do estudo. Se for um estudo de campo, inclua a localização exata da área, se possível com um mapa. Descreva claramente seu protocolo de coleta de dados, ou seja, o modo como os procedimentos experimentais ou os levantamentos foram realizados, e como os dados foram analisados. No item "Resultados", descreva seus resultados, de preferência usando gráficos ou tabelas, esquemas e figuras ilustrativas para facilitar a compreensão.

Por fim, coloque a conclusão obtida pela análise dos seus resultados e verifique sua hipótese. Sua conclusão será a resposta correta para sua pergunta original e ela pode ou não ser igual à resposta que você formulou, que foi sua hipótese inicial. Atualmente, com as facilidades de uso do computador, você deve digitar seu trabalho e depois imprimir cada tópico para afixar em seu estande. Lembre-se de usar esquemas, figuras, gráficos e tabelas para ilustrar os seus resultados. É imprescindível que você tome conhecimento prévio das regras da feira de ciências e da área do estande destinada à exposição, além de outros detalhes importantes, para que não surjam problemas de última hora.

Você pode ainda preparar um folheto explicativo, no qual o visitante mais interessado possa encontrar mais detalhes sobre o seu trabalho, desde que você desperte o interesse dele. Não se esqueça de colocar seu nome e o dos demais integrantes do grupo no folheto, além de um telefone ou e-mail para contato.

Como fazer a apresentação oral dos meus resultados?

No dia da feira, é necessário que você faça uma apresentação oral. Se você é como a maioria das pessoas, essa perspectiva pode lhe assustar mais do que qualquer outra coisa. Mas se você decidir enfrentar esse desafio, poderá constatar as oportunidades que ele representa.

Veja a seguir algumas regras para facilitar a sua apresentação oral.

Regra número 1: o público quer o seu sucesso.

Se o nervosismo lhe deixa trêmulo na hora da apresentação, é porque você vê os visitantes da feira como um bando de lobos, circundando-o, prontos para atacar ao primeiro sinal de fraqueza. Porém, na realidade, as pessoas que vão visitar o seu projeto querem que tudo dê certo, elas querem aprender com você e querem que a sua apresentação seja clara e prazerosa.

Regra número 2: saiba qual é a sua mensagem.

Sua plateia só vai lembrar de cerca de 10% da sua apresentação. Portanto, é sua obrigação assegurar que eles lembrem exatamente os 10% mais importantes. Fale logo no começo o que você tem para dizer. Não se preocupe em tirar o suspense de sua apresentação. Se os visitantes estiverem mesmo interessados nos seus resultados, eles prestarão atenção até o fim. Se não, é melhor que eles descubram logo no começo, antes de você entrar na descrição detalhada do seu trabalho.

Regra número 3: impressione e entretenha.

Se você quer efetivamente apresentar o seu trabalho, você deve entreter e impressionar. O dicionário define a palavra entreter como: "fazer o tempo passar de forma agradável para alguém" e define impressionar como "atrair o interesse ou admiração dos outros". Portanto, um apresentador que entretém e impressiona estimula a curiosidade de modo que os visitantes sentem-se bem ouvindo-o. Ao contrário, o apresentador que ignora essas duas palavras aborrece o público e assegura uma experiência desagradável.

Para entreter, você pode usar técnicas como variar o tom, o volume e o padrão da sua voz; usar gestos para ilustrar seus pontos de vista; focalizar a sua atenção nos visitantes, olhar para eles e não para o teto ou para as paredes. Parece que são muitas coisas para lembrar? Mas não são, pois você já sabe bem a respeito de todas elas.

O que o anima no seu projeto? O que você achou mais interessante nele? E por quê? Sua plateia provavelmente ficará interessada nas mesmas coisas que você está, mas você tem que comunicar não apenas os fatos e ideias, mas seu entusiasmo e interesse também.

Regra número 4: prepare um material de boa qualidade para enriquecer a sua apresentação.

Para provar suas ideias você pode simplesmente listar as principais etapas do seu experimento e, então, descrever cada etapa com detalhes suficientes para mostrar que você sabe o que está fazendo. Faça uma organização bem evidente, usando uma letra de tamanho adequado para a visão do visitante e, então, sua plateia não terá que pensar sobre como organizar a informação em suas próprias cabeças; eles usarão a estrutura que você deu. Mesmo que sua mensagem seja complexa, se você usar figuras, fotos, gráficos e esquemas, vai ficar mais fácil para o público compreender, apreciar e lembrar do seu trabalho.

Regra número 5: lide com o mundo real.

Você deve ter cuidado com a sua apresentação pessoal, pois, quando você se coloca ao lado do seu estande, já passa uma primeira impressão, antes mesmo de começar a falar. Oradores profissionais costumam dizer que eles têm que se apresentar antes do material que estão apresentando.

Você pode ainda se sentir um pouco nervoso, mas existem algumas técnicas que podem ajudá-lo a se acalmar. Primeiro, identifique o que você faz quando está nervoso e faça o contrário. Se você fica abrindo e fechando as suas mãos rapidamente, force-se a relaxá-las. Isso irá fazer você agir como se não estivesse nervoso. Assim, você pode enganar a si mesmo agindo como se estivesse totalmente tranquilo. Isso pode parecer tolo, mas funciona.

Segundo e mais importante: concentre-se nos benefícios que está oferecendo ao público visitante. Assim, você não irá se concentrar em você mesmo, na sua roupa, no seu coração batendo, nas suas mãos suadas.

Mostre que está empolgado com o seu projeto, e o seu entusiasmo será transferido para os visitantes. E, por fim, embora você saiba tudo sobre o seu projeto, pratique até se sentir inteiramente confortável com o modo como apresenta o material e inclua pelo menos um ensaio geral, reproduzindo ao máximo as condições reais da apresentação. Também é importante lembrar que você deve se manter dentro do tempo estabelecido. Em geral, os avaliadores ficam no máximo 10 minutos em cada projeto. Seu material é importante, mas o resto do mundo também é. Os visitantes lhe deram o privilégio de ouvi-lo – não abuse disso.

Referências bibliográficas

ADAMS, J. L. *Ideias criativas: como vencer seus bloqueios mentais*. Rio de Janeiro: Ediouro, 1994.

BANZATTO, D. A.; KRONKA, S. N. *Experimentação agrícola*. 3. ed. Jaboticabal: Funesp, 1995.

CAREY, S. S. *A beginner's guide to scientific method*. 2. ed. California: Wadsworth Publishing Company, 1998.

FERRAZ-NETTO, L. *Feira de ciências e trabalhos escolares (técnicas, normas e sugestões)*. Disponível em: http://www.feiradeciencias.com.br/sala01/01_02.asp. Acessado em 02 de janeiro de 2008.

GAUGHAN, R. *Basic rules for success in technical presentations*. Optical Science Reports. P.O. Box 10, Bellingham, WA, 1995.

GIL, A. C. *Como elaborar projetos de pesquisa*. 3. ed. São Paulo: Atlas, 1991.

KUEHL, R. O. *Statistical principles of research design and analysis*. California: Duxbury Press, 1994.

RANSEY, F. L.; SCHAFER, D. W. *The statistical sleuth, a course in methods of data analysis*. California: Duxbury Press, 1997.